儿童趣味百科

英国数学真简单团队/编著　华云鹏 杨雪静/译

DK儿童数学分级阅读 第三辑

加法和减法

数学真简单！

电子工业出版社·

Publishing House of Electronics Industry

北京·BEIJING

Original Title: Maths—No Problem! Addition and Subtraction, Ages 7−8 (Key Stage 2)
Copyright © Maths—No Problem!, 2022
A Penguin Random House Company

版权贸易合同登记号　图字：01-2024-1629

图书在版编目（CIP）数据

DK儿童数学分级阅读. 第三辑. 加法和减法 / 英国数学真简单团队编著；华云鹏，杨雪静译. −−北京：电子工业出版社，2024.5
ISBN 978−7−121−47726−3

Ⅰ．①D… Ⅱ．①英… ②华… ③杨… Ⅲ．①数学−儿童读物 Ⅳ．①O1−49

中国国家版本馆CIP数据核字（2024）第078123号

出版社感谢以下作者和顾问：Andy Psarianos, Judy Hornigold, Adam Gifford和Anne Hermanson博士。
已获Colophon Foundry的许可使用Castledown字体。

责任编辑：张莉莉
印　　　刷：鸿博昊天科技有限公司
装　　　订：鸿博昊天科技有限公司
出版发行：电子工业出版社
　　　　　北京市海淀区万寿路173信箱　　邮编：100036
开　　本：889×1194　1/16　印张：18　字数：303千字
版　　次：2024年5月第1版
印　　次：2024年11月第2次印刷
定　　价：128.00元（全6册）

www.dk.com

目 录

鲁比   艾略特   阿米拉   查尔斯   露露   萨姆   奥克   霍莉   拉维   艾玛   雅各布   汉娜

百

准 备

查尔斯在帮爸爸贴浴室瓷砖。
一共有多少个小方格？

 每片瓷砖上有100个小方格。

举 例

一共有10片。

可以用它们帮我们数，每片就是100。

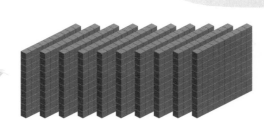

我们可以以百为单位数。100、200、300、400……

……500、600、700、800、900，1000我们读作一千。

一共有1000个小方格。

4

	100	一百
	200	二百
	300	三百
	400	四百
	500	五百
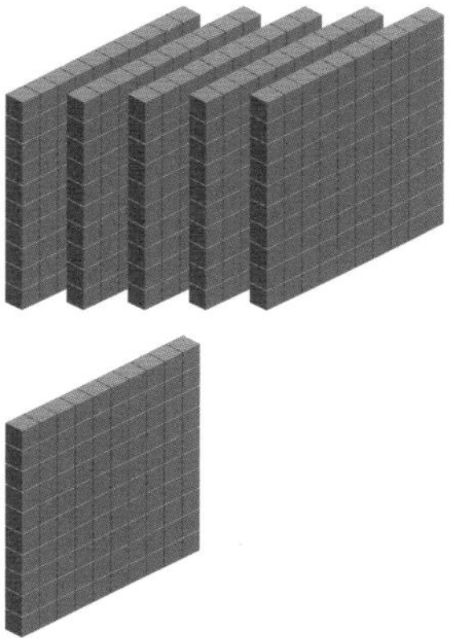	600	六百

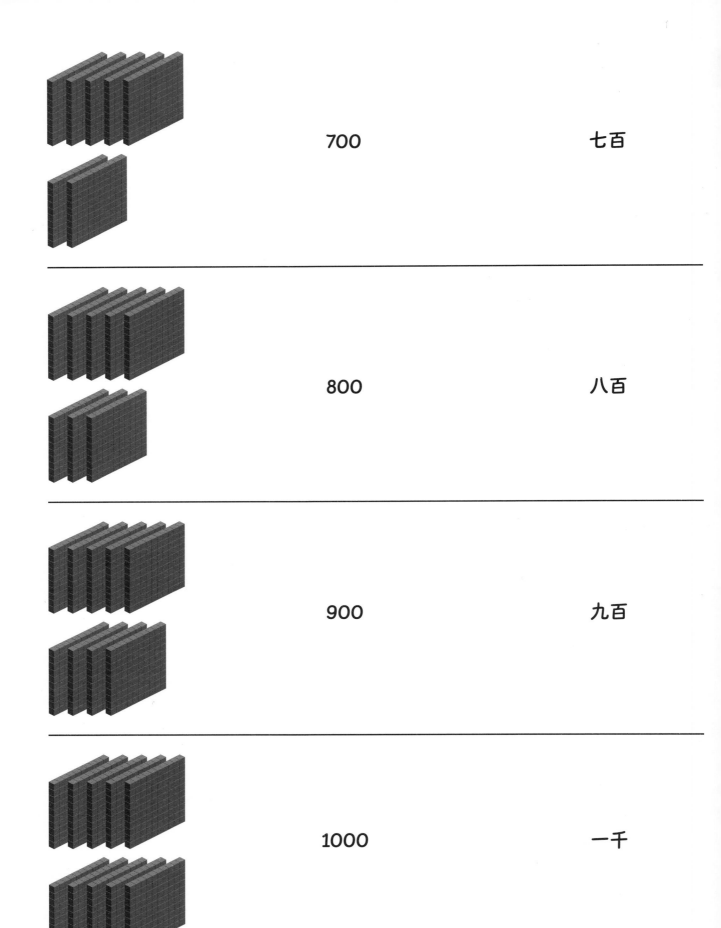

700   七百

800   八百

900   九百

1000   一千

连一连。

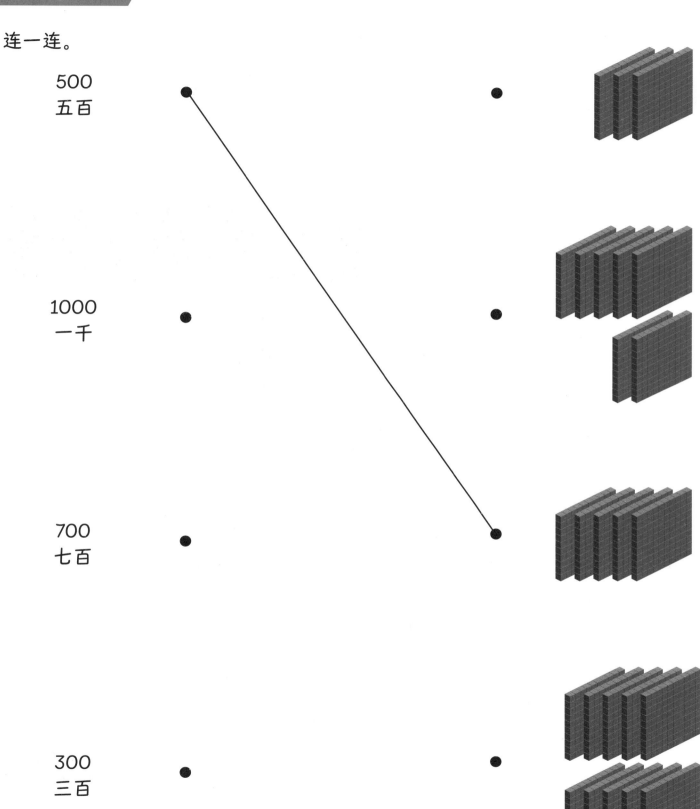

500
五百

1000
一千

700
七百

300
三百

数位

准备

店主一共有多少张卡片？

举例

这里有4盒卡片，每盒里有100张。

这里有3袋卡片，每袋10张，还有5张散装卡片。

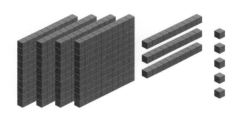

百	十	个
4	3	5

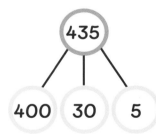

435 = 4个百 + 3个十 + 5个一
435 = 400 + 30 + 5

4在百位表示4个百，即400。
3在十位表示3个十，即30。
5在个位表示5个一，即5。

店主有435张卡片。
435读作**四百三十五**。

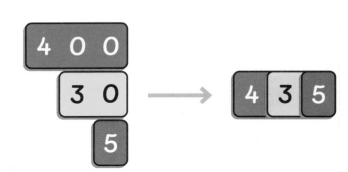

1 数一数下图中有几个百、几个十和几个一，然后填空。

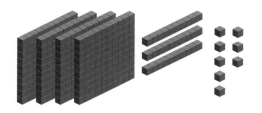

百	十	个

$\boxed{}$ = $\boxed{}$ 个百 + $\boxed{}$ 个十 + $\boxed{}$ 个一

$\boxed{}$ = $\boxed{}$ + $\boxed{}$ + $\boxed{}$

4表示的数值是 $\boxed{}$ 。

8表示的是 $\boxed{}$ 个一。

十位上的数字是 $\boxed{}$ 。

2 写出下列数字。

(1) 七百六十八 $\boxed{}$

(2) 二百九十一 $\boxed{}$

3 用汉字写出下列数字。

(1) 593 $\boxed{}$

(2) 359 $\boxed{}$

比较数的大小

准备

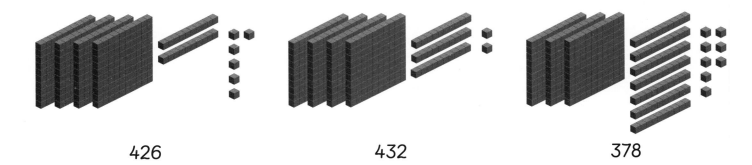

426　　　　　　432　　　　　　378

哪个数最大？哪个数最小？

举例

百	十	个
4	2	6

百	十	个
4	3	2

百	十	个
3	7	8

我们先看百位数字。426和432都有4个百。378有3个百。

378是最小的数。

然后，我们再看十位数字。426有2个十，432有3个十。432的十位数字更大，它是最大的数。

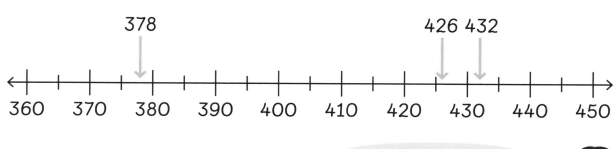

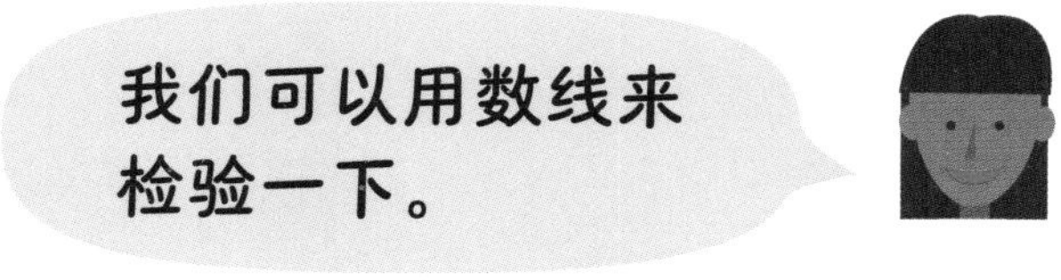

我们可以用数线来检验一下。

432是最大的数，378是最小的数。

练 习

1 将下列数字按从大到小的顺序排列。

(1) 765, 675, 756

$$\boxed{} , \boxed{} , \boxed{}$$

(2) 869, 870, 868

$$\boxed{} , \boxed{} , \boxed{}$$

2 将下列数字按从小到大的顺序排列。

(1) 391, 412, 389

$$\boxed{} , \boxed{} , \boxed{}$$

(2) 897, 789, 879

$$\boxed{} , \boxed{} , \boxed{}$$

3 用下列数字组成一个最大的三位数和一个最小的三位数。

| **3** | **2** | **7** | **9** | **6** |

$$\boxed{}$$
最大数

$$\boxed{}$$
最小数

数的规律

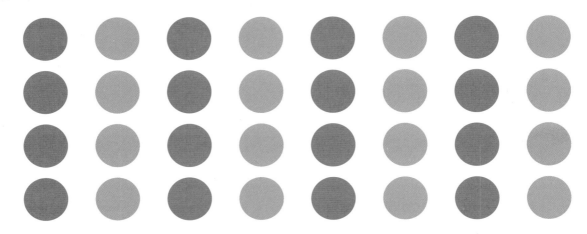

一共有多少个圆点？

每列有4个圆点，一共8列。我可以在数线上每隔4数一次。

+4 +4 +4 +4 +4 +4 +4 +4

0　4　8　12　16　20　24　28　32　36　40

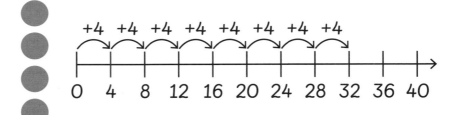

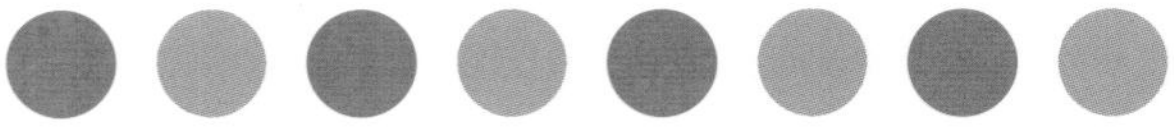

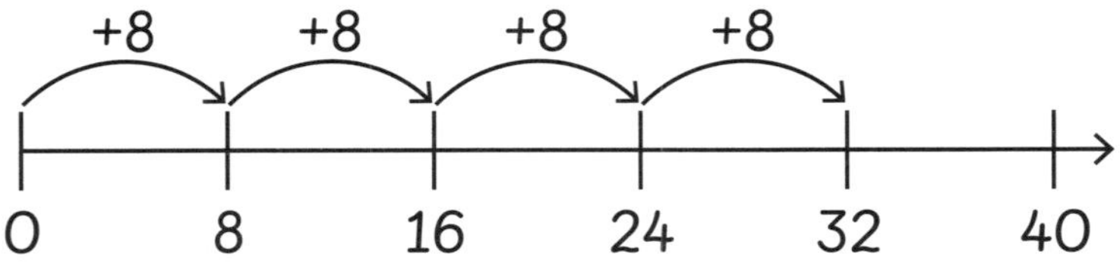

+8　+8　+8　+8

0　　8　　16　　24　　32　　40

每排有8个圆点，一共4排。我可以在数线上每隔8数一次。

12

我有7张大贴纸。我一共有多少张小贴纸?

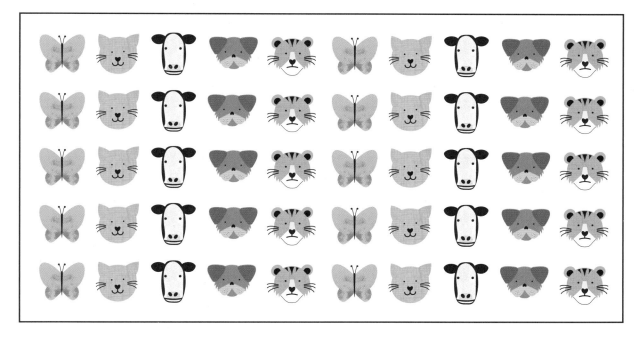

汉娜有7张大贴纸。每张大贴纸里有50小张贴纸。

我们可以每隔50数一次:50、100、150、200、250、300、350。

1 每隔4数一次，把数到的数字涂成黄色。
每隔8数一次，把数到的数字涂成蓝色。
第一排数字已经为你涂好了。

1	2	3	4	5	6	7	8	9	10
11	12	13	14	15	16	17	18	19	20
21	22	23	24	25	26	27	28	29	30
31	32	33	34	35	36	37	38	39	40
41	42	43	44	45	46	47	48	49	50
51	52	53	54	55	56	57	58	59	60
61	62	63	64	65	66	67	68	69	70
71	72	73	74	75	76	77	78	79	80
81	82	83	84	85	86	87	88	89	90
91	92	93	94	95	96	97	98	99	100

哪些数字既被涂成了黄色，又被涂成了蓝色？

2 填空。

(1) 比16大8的数是 [____] 。 (2) 比28小4的数是 [____] 。

(3) 比450大50的数是 [____] 。 (4) 比68大 [____] 的数是72。

3 填空。

(1) 比572大100的数是 [____] 。 (2) 比310大10的数是 [____] 。

(3) 比685小100的数是 [____] 。 (4) 比679小10的数是 [____] 。

4 按顺序在方框内填上合适的数字。

(1) 312, 316, [____] , 324, [____] , [____]

(2) 200, [____] , [____] , 350, [____] , [____]

(3) 648, 644, [____] , [____] , 632, [____]

(4) 728, 720, [____] , 704, [____] , 688

不进位加法

准 备

643 + 4 = ☐

938 + 20 = ☐

565 + 300 = ☐

可以用什么方法把这些数相加？

举 例

计算643 + 4 时，我们只需把个位数字相加。

643 + 4

640   3

643 + 4 = 647

4 + 3 = 7
640 + 7 = 647

百	十	个
6	4	3
+		4
6	4	7

我可以用类似的方法计算938 + 20。我们只需把十位数字相加。

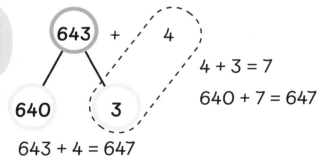

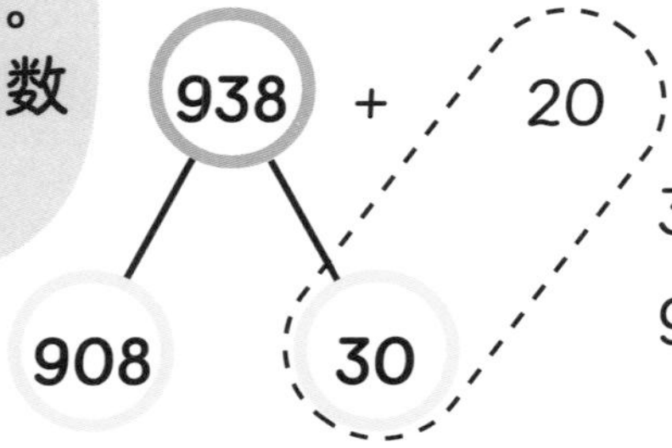

938 + 20

908   30

938 + 20 = 958

30 + 20 = 50
908 + 50 = 958

百	十	个
9	3	8
+	2	0
9	5	8

计算565 + 300时，我们只需把百位数字相加。

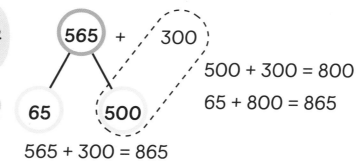

565 + 300

500 + 300 = 800
65 + 800 = 865

565 + 300 = 865

百	十	个
5	6	5
+ 3	0	0
8	6	5

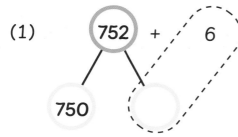

练习

1 把圆圈补充完整并完成加法算式。

(1) 752 + 6

750

752 + 6 = ☐

(2) 843 + 50

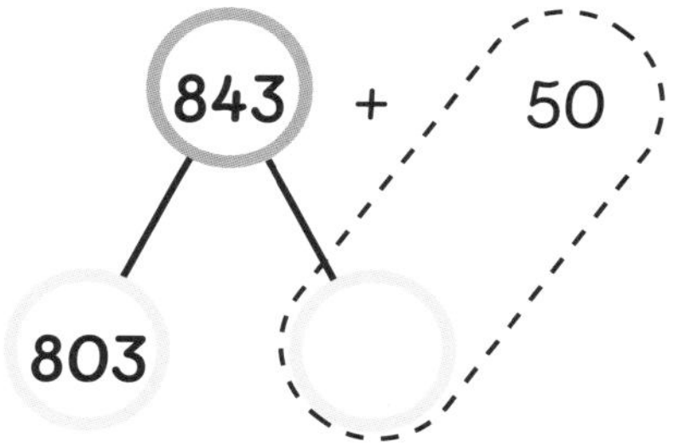

803

843 + 50 = ☐

(3) 634 + 300

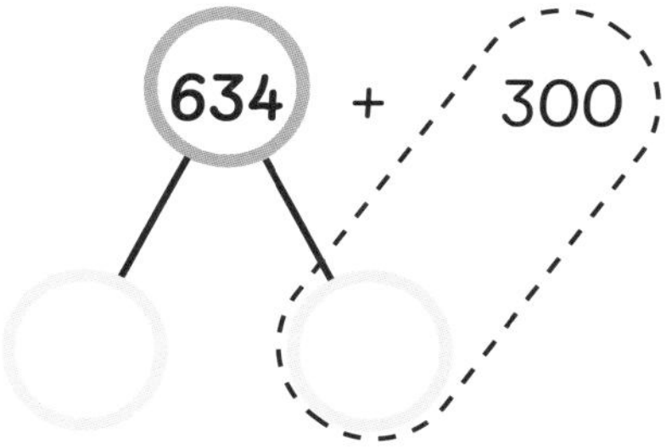

634 + 300 = ☐

2 做加法并填空。

(1) 314 + 5 = ☐ 　　(2) 453 + 500 = ☐

(3) 221 + 50 = ☐

进位加法（一）

准备

艾略特上周读了237页小说，这周读了218页小说。他一共读了多少页小说？

举例

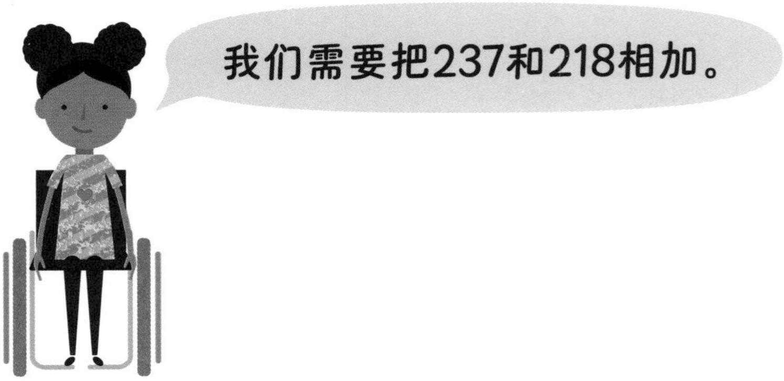

我们需要把237和218相加。

第一步	将个位数字相加 向十位进1

7个一 + 8个一 = 15个一
15个一 = 1个十 + 5个一

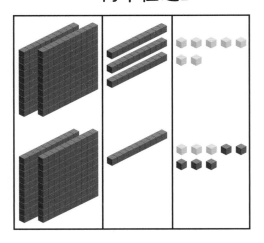

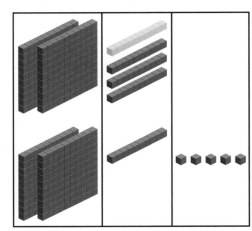

	百	十	个
	2	3	7
+	2	1₁	8
			5

第二步　将十位数字相加

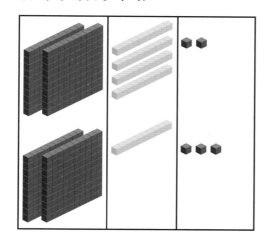

1个十 + 3个十 + 1个十 = 5个十

	百	十	个
	2	3	7
+	2	1_{1}	8
		5	5

第三步　将百位数字相加

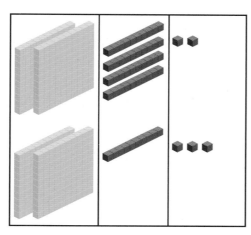

2个百 + 2个百 = 4个百

	百	十	个
	2	3	7
+	2	1_{1}	8
	4	5	5

237 + 218 = 455
艾略特一共读了455页。

练习

做加法。

1 426 + 349

	百	十	个
	4	2	6
+	3	4	9

2 208 + 463

	百	十	个
	2	0	8
+	4	6	3

3 569 + 319

	百	十	个
	5	6	9
+	3	1	9

进位加法（二）

准备

382人在排队等待游乐园开门。

一辆公交车又载来了35人，他们也开始排队了。

现在一共有多少人在排队等待进入游乐园？

举例

我们需要把382和35相加。

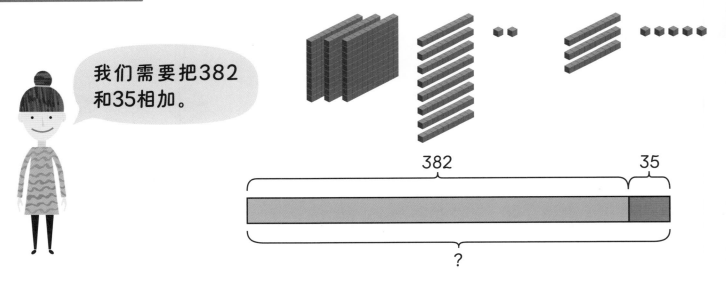

382   35

?

将382和35相加。

第一步　　将个位数字相加

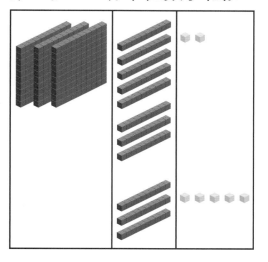

	百	十	个
	3	8	2
+		3	5
			7

第二步　　将十位数字相加

8个十 + 3个十 = 11个十

向百位进1

11个十 = 1个百 + 1个十

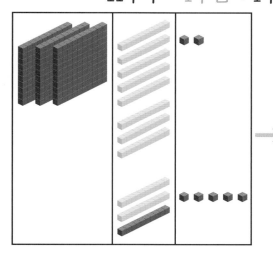 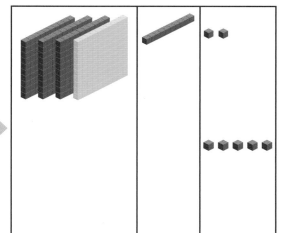

	百	十	个
	3	8	2
+	1	3	5
		1	7

第二步　　将百位数字相加

1个百 + 3个百 = 4个百

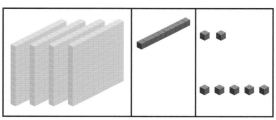

	百	十	个
	3	8	2
+	1	3	5
	4	1	7

382 + 35 = 417

现在一共有417人在排队等待进入游乐园。

1 做加法。

(1)

百	十	个
4	5	6
+	2	2

(2)

百	十	个
5	5	2
+	8	6

(3)

百	十	个
	8	0
+ 7	2	0

(4)

百	十	个
2	6	5
+	4	3

2 完成下列算式。

(1) 281 + 41 = ☐

(2) 74 + 635 = ☐

(3) 125 + 92 = ☐

(4) 470 + 50 = ☐

(5) 64 + 275 = ☐

(6) 795 + 93 = ☐

(7) ☐ + 20 = 600

(8) 99 + ☐ = 738

3 251个孩子已经在座位上坐好等待召开全校大会。
又来了58个6岁的孩子坐在了座位上。
现在一共有多少个孩子在座位上？

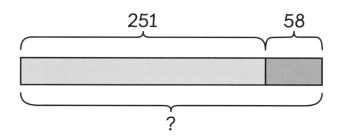

现在一共有 ⬚ 个孩子坐在座位上。

4 艾略特和奥克喜欢用珠子串项链。
艾略特的珠子比奥克多134颗。奥克有80颗珠子。
艾略特有多少颗珠子？

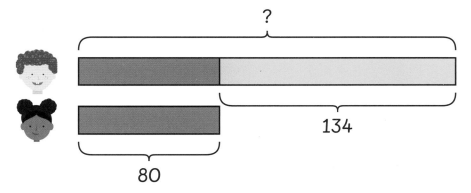

艾略特有 ⬚ 颗珠子。

进位加法（三）

准 备

游乐园门票开售的第一个小时有417人购买门票。第二个小时有294人购买门票。

游乐园门票开售的前两个小时内一共售出多少张门票？

举 例

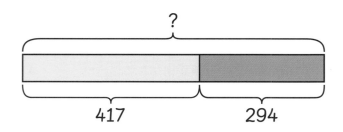

417   294

我们需要把两个数字相加，求出它们的和。

24

将417与294相加。

第一步　　将个位数字相加
　　　　　　向十位进1

7个一 + 4个一 = 11个一
11个一 = 1个十 + 1个一

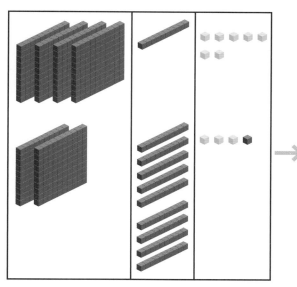

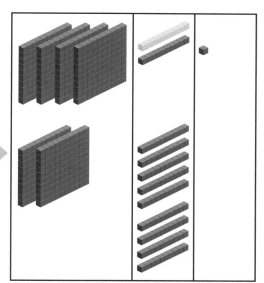

	百	十	个
	4	1	7
+	2	9₁	4
			1

第二步　　将十位数字相加
　　　　　　向百位进1

1个一 + 10个一 = 11个一
11个十 = 1个百 + 1个十

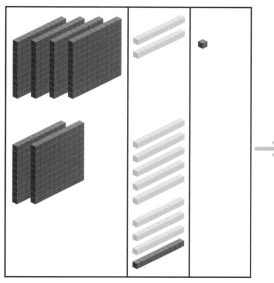

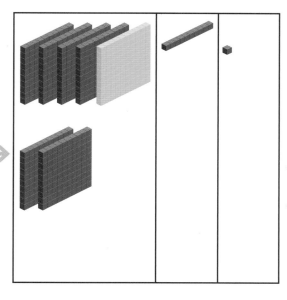

	百	十	个
	4	1	7
+	2₁	9₁	4
		1	1

第三步　　将百位数字相加

1个百+4个百+2个百=7个百

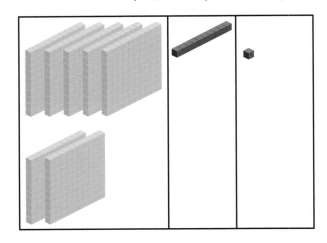

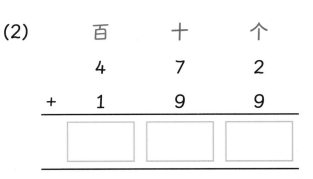

	百	十	个
	4	1	7
+	2_1	9_1	4
	7	1	1

417 + 294 = 711

游乐园在门票开售的前两个小时内一共售出711张。

练习

1 做加法。

(1)

	百	十	个
	2	6	5
+	3	7	8

(2)

	百	十	个
	4	7	2
+	1	9	9

(3)

	百	十	个
	2	7	8
+	2	2	2

(4)

	百	十	个
	3	3	6
+	1	6	4

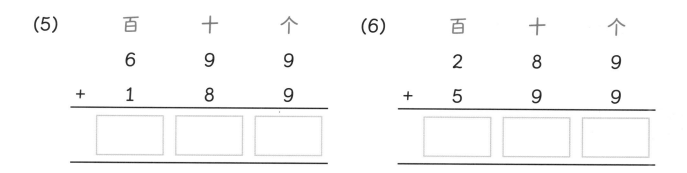

(5)

百	十	个
6	9	9
+ 1	8	9

(6)

百	十	个
2	8	9
+ 5	9	9

2 一位农民在种植南瓜。
她的一块土地上生长着376个南瓜。
她的另一块土地上生长着227个南瓜。
这位农民的两块土地上一共有多少个南瓜？

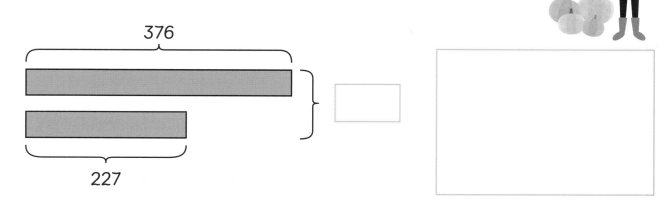

376

227

这位农民的两块土地上一共有 ☐ 个南瓜。

3 一名足球运动员在职业生涯内一共进球177个。另一名足球运动员在职业生涯内一共进球187个。两名运动员在职业生涯内一共进了多少个球？

两名运动员在职业生涯内一共进了 ☐ 个球。

不退位减法

准备

可以用什么方法把这些数相减？

举例

计算796−4时，你只需将个位数字相减。

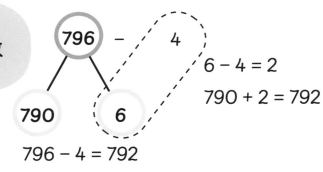

796 − 4

796 → 790, 6

$6 - 4 = 2$

$790 + 2 = 792$

$796 - 4 = 792$

百	十	个
7	9	6
−		4
7	9	2

计算467−50时，我们只需将十位数字相减。

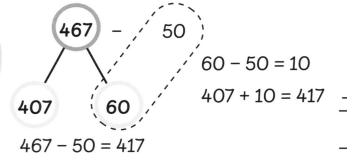

467 − 50

467 → 407, 60

$60 - 50 = 10$

$407 + 10 = 417$

$467 - 50 = 417$

百	十	个
4	6	7
−	5	0
4	1	7

计算978−200时，我们只需将百位数字相减。

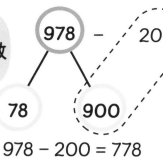

978
200
78

978 − 200 = 778

900 − 200 = 700

700 + 78 = 778

	百	十	个
	9	7	8
−	2	0	0
	7	7	8

练 习

1 把圆圈补充完整并完成算式。

(1)

576 − 5 = ☐

(2)

284 − 30 = ☐

(3)

200

419 − 200 = ☐

2 做减法并填空。

(1) 297 − 6 = ☐　　(2) 483 − 50 = ☐

(3) 949 − 700 = ☐

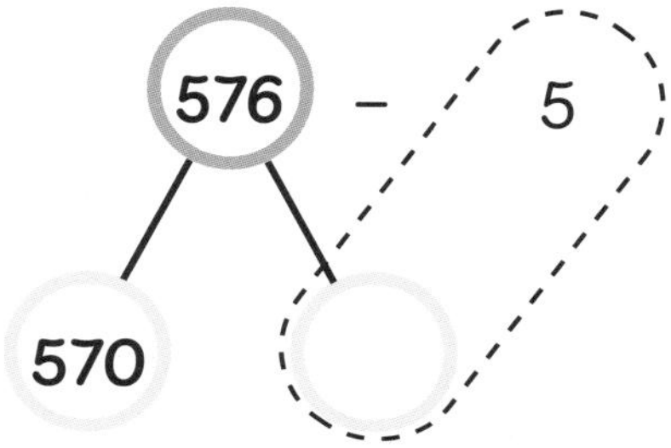

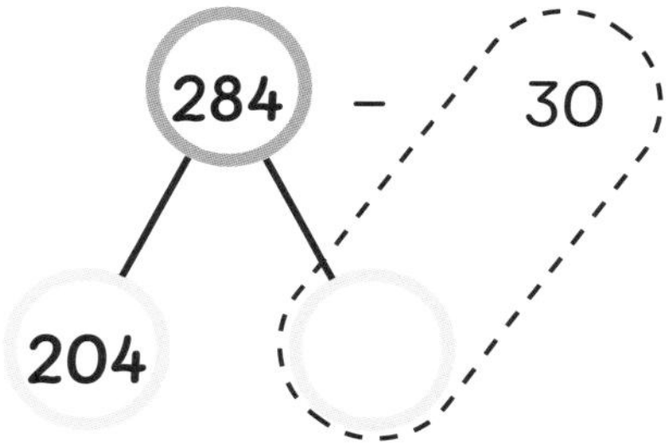

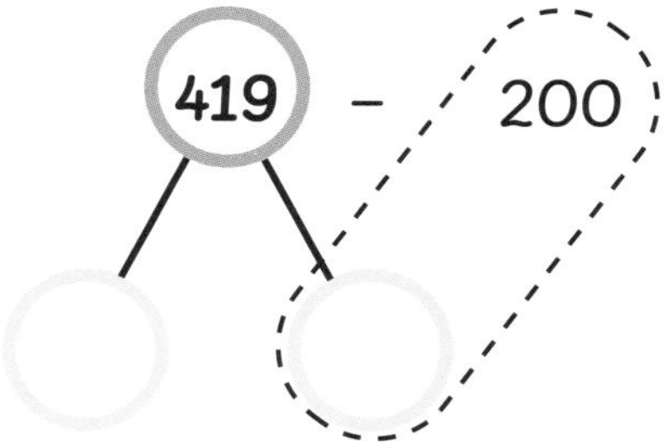

退位减法（一）

准 备

奥克怎样才能计算出答案？

举 例

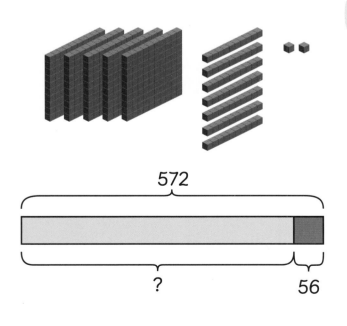

奥克需要做减法运算，但是572的个位数字不够减。

我们可以向十位借1，也就是10个一，然后我们就有12个一可以减。

用572减去56。

第一步　　向十位借1，看作10个一

将个位数字相减

12个一 －6 个一 ＝6 个一

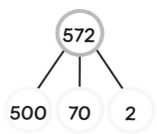

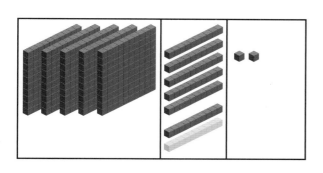

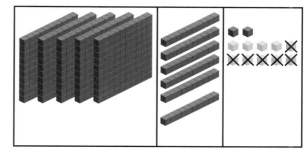

百	十	个
5	~~7~~ 6	~~2~~ 12
－	5	6
		6

第二步　　将十位数字相减

6个十 －5个十 ＝1个十

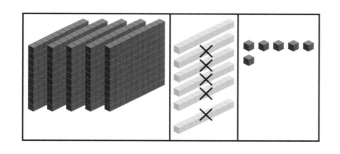

百	十	个
5	~~7~~ 6	~~2~~ 12
－	5	6
	1	6

第三步　　将百位数字相减

5个百 －0个百 ＝5个百

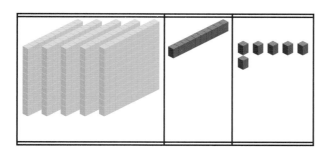

百	十	个
5	~~7~~ 6	~~2~~ 12
－	5	6
5	1	6

572 － 56 = 516

1 做减法。

(1)
百	十	个
2	7	6
−	5	9

(2)
百	十	个
7	9	3
−	2	7

(3)
百	十	个
5	3	6
− 1	2	8

(4)
百	十	个
9	5	4
− 5	4	6

(5)
百	十	个
8	7	6
− 3	0	9

(6)
百	十	个
6	9	5
− 1	2	8

2 霍莉在电子游戏中的得分比拉维高160分。霍莉的得分是930分。

(1) 拉维在电子游戏中的得分是多少?

拉维在电子游戏中的得分是 ⬚ 。

(2) 查尔斯的得分是680分。
查尔斯的分数与霍莉的分数相差多少？

查尔斯的分数与霍莉的分数相差 _____ 。

(3) 拉维和查尔斯，谁的得分更高？

_____ 的得分更高。

(4) 他的分数高出了多少？

他的分数高出了 _____ 。

退位减法（二）

准 备

常青小学有506名学生。其中142名学生戴眼镜。

有多少名学生不戴眼镜？

举 例

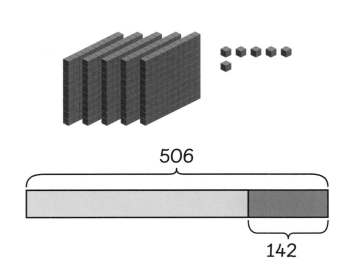

506

142

我们需要用506减去142，但是十位数字不够减。

我们可以向百位借1，也就是10个十。

用506减去142。

第一步　将个位数字相减

6个一 － 2个一 = 4个一

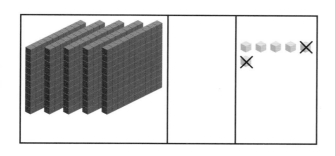

	百	十	个
	5	0	6
−	1	4	2
			4

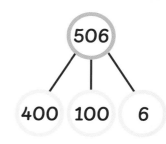

第二步　向百位借1，看作10个十

将十位数字相减

10个十 － 4个十 = 6个十

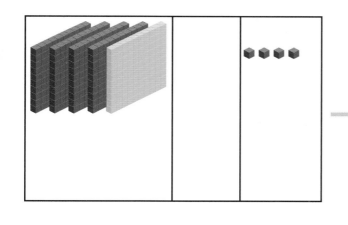

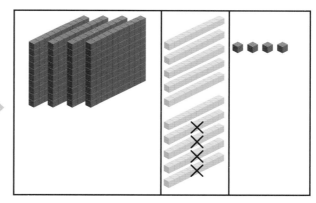

	百	十	个
	4 ~~5~~	10 ~~0~~	6
−	1	4	2
		6	4

第三步　将百位数字相减

4个百 － 1个百 = 3个百

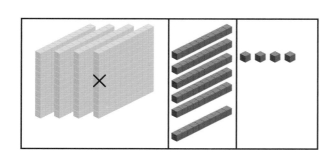

	百	十	个
	4 ~~5~~	10 ~~0~~	6
−	1	4	2
	3	6	4

506 − 142 = 364

有364名学生不戴眼镜。

1 做减法。

(1)
百	十	个
2	5	8
−	6	3

(2)
百	十	个
7	1	9
−	4	5

(3)
百	十	个
9	1	5
− 7	5	3

(4)
百	十	个
9	1	5
− 1	6	2

(5)
百	十	个
4	4	4
− 1	7	3

(6)
百	十	个
5	5	5
− 2	8	4

2 停车场有413个车位，其中191个车位上已经停了车。
还有多少个空车位？

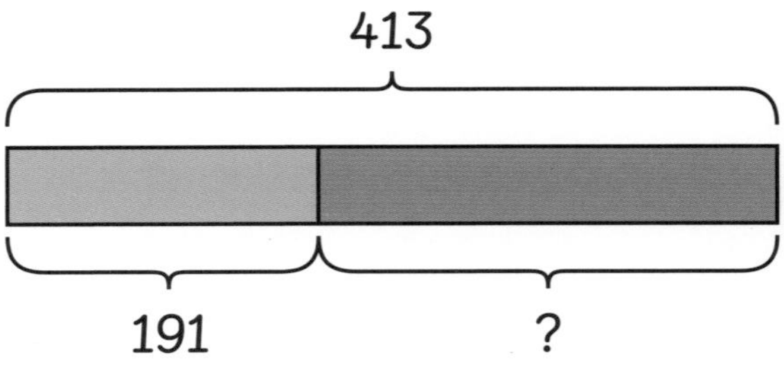

停车场还有 ☐ 个空车位。

❸ (1) 快餐店第一周售出318个汉堡。
　　第二周售出151个汉堡。
　　第一周比第二周多售出多少个汉堡？

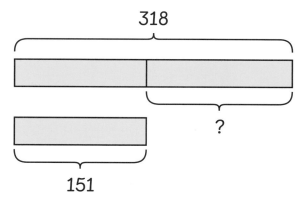

快餐店第一周比第二周多售出 ☐ 个汉堡。

(2) 咖啡馆与这家快餐店在同一条街上。
　　这家咖啡馆第一周售出202个汉堡。
　　第一周快餐店售出的汉堡比咖啡馆多多少个？

第一周快餐店售出的汉堡比咖啡馆多 ☐ 个。

退位减法（三）

准 备

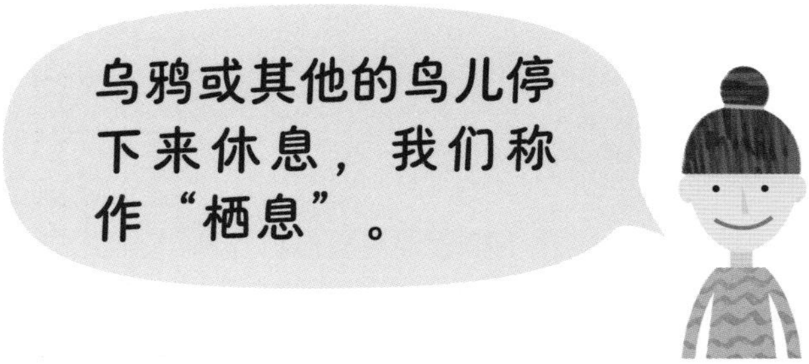

傍晚，830只乌鸦栖息在树林里过夜。到了早晨，367只乌鸦飞走了。

乌鸦或其他的鸟儿停下来休息，我们称作"栖息"。

还剩多少只乌鸦栖息在树林里？

举 例

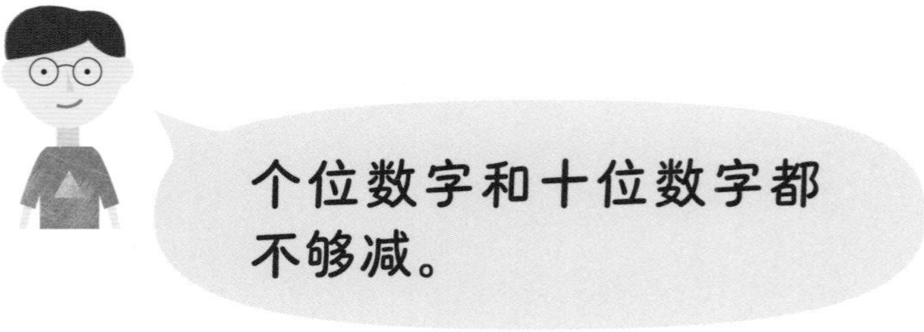

我们需要用830减去367。

个位数字和十位数字都不够减。

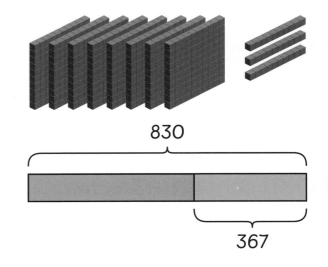

830

367

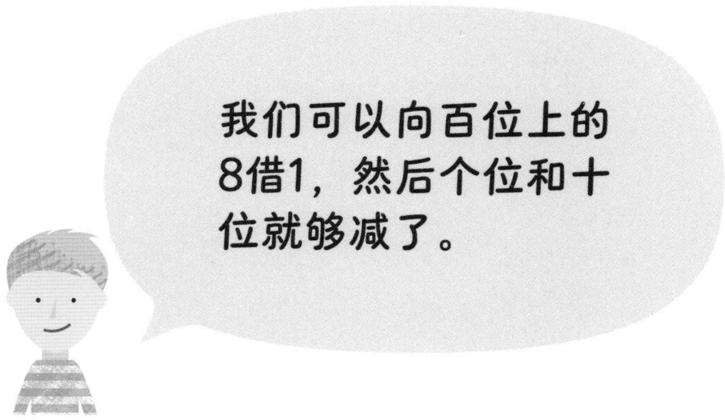

我们可以向百位上的8借1，然后个位和十位就够减了。

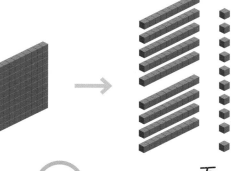

用830减去367。

第一步　将十位借1，看作10个一

10个一 − 7个一 = 3个一

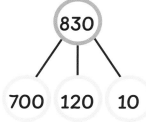

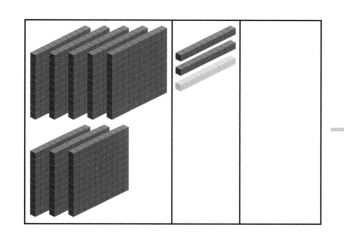

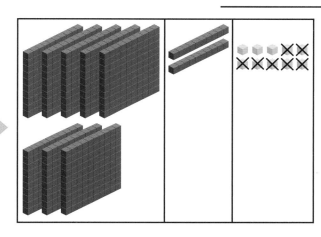

	百	十	个
	8	~~3~~ 2	~~0~~ 10
−	3	6	7
			3

第二步　百位借1，看作10个十

将十位数字相减

12个十 − 6个十 = 6个十

	百	十	个
	~~8~~ 7	~~3~~ ~~2~~ 12	~~0~~ 10
−	3	6	7
		6	3

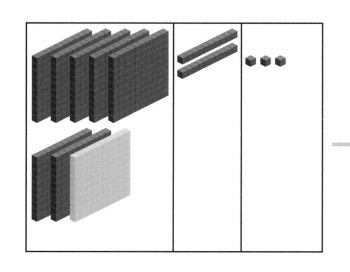

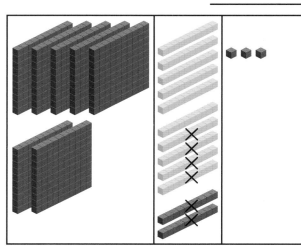

第三步　将百位数字相减

7个百 − 3个百 = 4个百

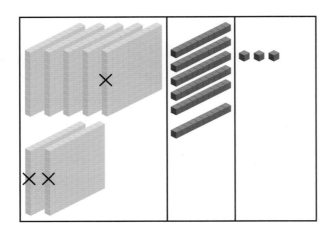

	百	十	个
	7	12 2	10
	~~8~~	~~3~~	~~0~~
−	3	6	7
	4	6	3

830 − 367 = 463

还剩463只乌鸦栖息在树林里。

练 习

1 做减法。

(1)

	百	十	个
	7	0	6
−		3	8
	□	□	□

(2)

	百	十	个
	8	0	2
−		2	7
	□	□	□

(3)

	百	十	个
	4	0	3
−	3	4	5
	□	□	□

(4)

	百	十	个
	2	0	4
−	1	1	6
	□	□	□

(5)

百	十	个
3	0	3
− 2	0	4

(6)

百	十	个
7	0	5
− 6	0	6

(7)

百	十	个
8	0	7
− 5	4	9

(8)

百	十	个
8	0	1
− 5	4	9

2 艾玛周二玩游戏得了206分。
她周三的得分比周二少28分。
艾玛周三得了多少分?

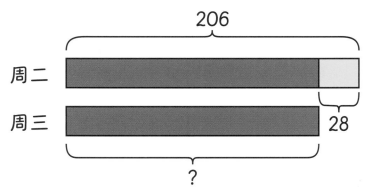

艾玛周三得了 ◻ 分。

回顾与挑战

1 数一数下图中有几个百、几个十和几个一，然后填空。

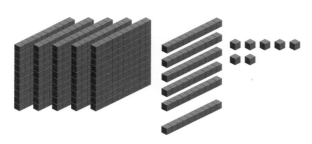

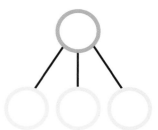

百	十	个

| | = | 个百 + | 个十+ | 个一 |

| | = | + | + |

5表示的数值是 [　　]。

7表示的数值是 [　　]。

十位上的数字是 [　　]。

2 (1) 写出下列数字。

八百六十四 [　　]

(2) 用汉字写出下列数字。

723 [　　　　　　　　　　]

3 将下列数字按从大到小的顺序排列。

(1) 579, 521, 920

[ ] , [ ] , [ ]

(2) 559, 641, 425

[ ] , [ ] , [ ]

4 将下列数字按从小到大的顺序排列。

(1) 373, 725, 223

[ ] , [ ] , [ ]

(2) 747, 338, 350

[ ] , [ ] , [ ]

5 填空。

(1) 比32大8的数是 [ ] 。

(2) 比36小4的数是 [ ] 。

(3) 比300大50的数是 [ ] 。

(4) 比28大 [ ] 的数是32。

(5) 比310大10的数是 [ ] 。

(6) 比628大100的数是 [ ] 。

(7) 比515小100的数是 [ ] 。

(8) 比867小10的数是 [ ] 。

6 按顺序在方框内填上合适的数。

(1) 592, 596, [ ] , 604

(2) 400, [ ] , [ ] , 550

(3) 648, 644, [ ] , [ ]

(4) 672, 664, [ ] , 648

7 做加法。

(1)
百	十	个
6	5	3
+ 1	2	8

(2)
百	十	个
2	9	0
+ 6	2	7

(3)
百	十	个
2	6	7
+ 6	3	6

(4)
百	十	个
4	5	5
+ 2	5	7

8 做减法。

(1)
百	十	个
9	3	5
− 7	2	3

(2)
百	十	个
2	8	6
− 1	6	7

(3)
百	十	个
8	5	3
− 5	7	2

(4)
百	十	个
7	0	0
− 3	8	2

9 计算并填空。

艾玛和雅各布都在学校的游园会上出售彩票。
雅各布售出了376张彩票。他售出的彩票比艾玛少187张。

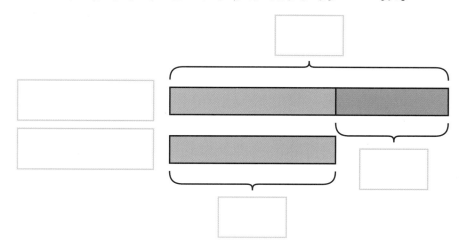

艾玛售出了多少张彩票？

艾玛售出了 ☐ 张彩票。

他们一共售出了多少张彩票？

他们一共售出了 ☐ 张彩票。

参考答案

第 7 页

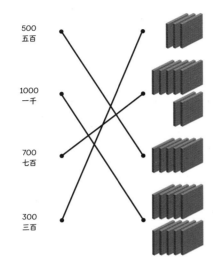

第 9 页

1

百	十	个
4	3	8

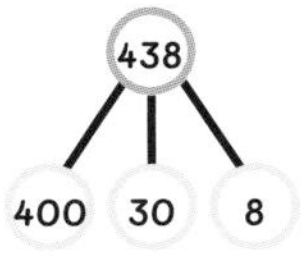

438

400 30 8

438 = 4个百 + 3个十 + 8个一; 438 = 400 + 30 + 8
4表示的数值是400。8表示的是8个一。十位上的数字是3。

2 (1) 768 (2) 291

3 (1) 五百九十三 (2) 三百五十九

第 11 页　**1** (1) 765, 756, 675 (2) 870, 869, 868　**2** (1) 389, 391, 412
(2) 789, 879, 897　**3** 最大数: 976; 最小数: 236

第 14 页　**1**

1	2	3	4	5	6	7	8	9	10
11	12	13	14	15	16	17	18	19	20
21	22	23	24	25	26	27	28	29	30
31	32	33	34	35	36	37	38	39	40
41	42	43	44	45	46	47	48	49	50
51	52	53	54	55	56	57	58	59	60
61	62	63	64	65	66	67	68	69	70
71	72	73	74	75	76	77	78	79	80
81	82	83	84	85	86	87	88	89	90
91	92	93	94	95	96	97	98	99	100

8, 16, 24, 32, 40, 48, 56, 64, 72, 80, 88, 96

第 15 页　**2** (1) 比16大8的数是24。(2) 比28小4的数是24。
(3) 比450大50的数是500。(4) 比68大4的数是72。
3 (1) 比572大100的数是672。(2) 比310大10的数是320。
(3) 比685小100的数是585。(4) 比679小10的数是669。
4 (1) 312, 316, 320, 324, 328, 332
(2) 200, 250, 300, 350, 400, 450
(3) 648, 644, 640, 636, 632, 628
(4) 728, 720, 712, 704, 696, 688

第 17 页　**1** (1) 752　752 + 6 = 758

750　2

(2) 843　843 + 50 = 893

803　40

(3) 634　634 + 300 = 934

34　600

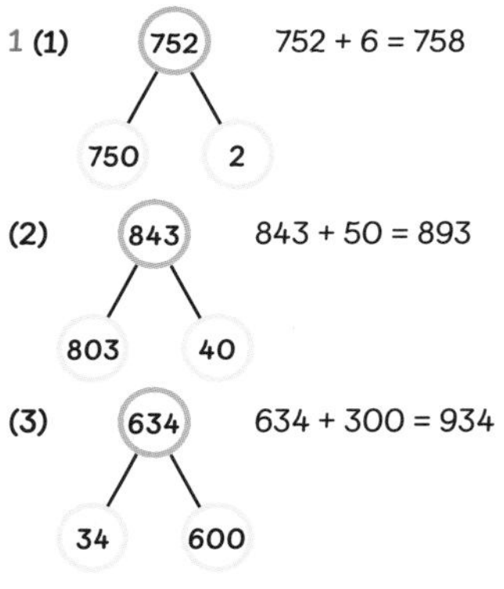

2 (1) 314 + 5 = 319 (2) 453 + 500 = 953 (3) 221+ 50 = 271

第 19 页　**1**

百	十	个
	4	2	6
+	3	4 ₁	9
	7	7	5

2

百	十	个
	2	0	8
+	4	6 ₁	3
	6	7	1

3

百	十	个
	5	6	9
+	3	1 ₁	9
	8	8	8

第 22 页　**1** (1)

百	十	个
	4	5	6
+		2	2
	4	7	8

(2)

百	十	个
	5	5	2
+	₁	8	6
	6	3	8

(3)

百	十	个
	8	0
+	7 ₁	2	0
	8	0	0

(4)

百	十	个
	2	6	5
+	₁	4	3
	3	0	8

2 (1) 281 + 41 = 322 (2) 74 + 635 = 709 (3) 125 + 92 = 217 (4) 470 + 50 = 520 (5) 64 + 275 = 339 (6) 795 + 93 = 888 (7) 580 + 20 = 600
(8) 99 + 639 = 738

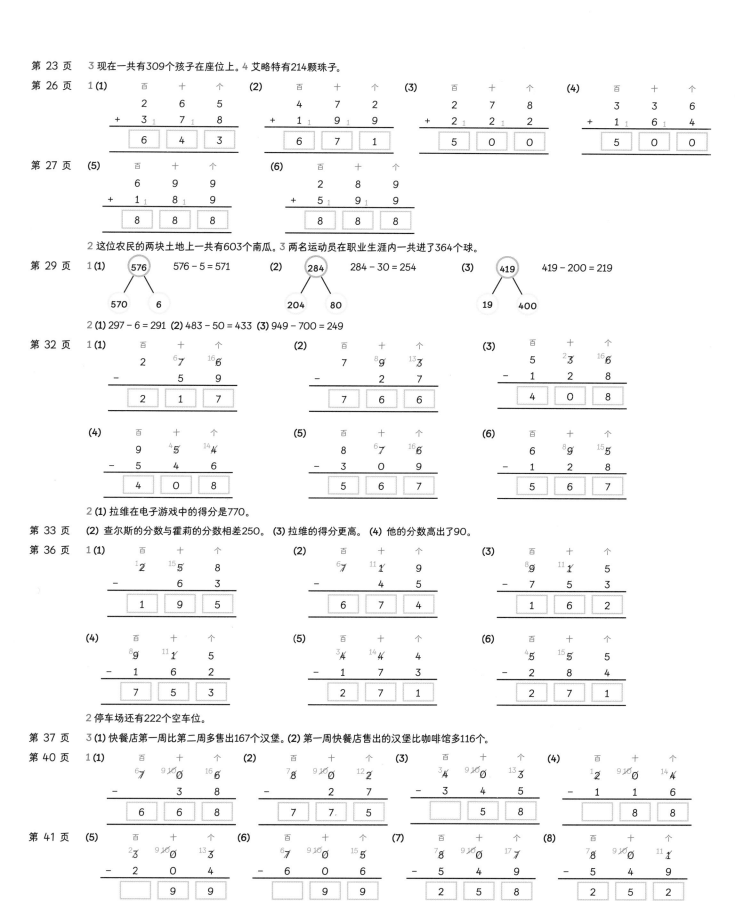

第 23 页　3 现在一共有309个孩子在座位上。4 艾略特有214颗珠子。

第 26 页　1 (1)

	百	十	个
	2	6	5
+	3_{1}	7_{1}	8
	6	4	3

(2)

	百	十	个
	4	7	2
+	1_{1}	9_{1}	9
	6	7	1

(3)

	百	十	个
	2	7	8
+	2_{1}	2_{1}	2
	5	0	0

(4)

	百	十	个
	3	3	6
+	1_{1}	6_{1}	4
	5	0	0

第 27 页　(5)

	百	十	个
	6	9	9
+	1_{1}	8_{1}	9
	8	8	8

(6)

	百	十	个
	2	8	9
+	5_{1}	9_{1}	9
	8	8	8

2 这位农民的两块土地上一共有603个南瓜。3 两名运动员在职业生涯内一共进了364个球。

第 29 页　1 (1) 576 → 570、6　576 − 5 = 571　(2) 284 → 204、80　284 − 30 = 254　(3) 419 → 19、400　419 − 200 = 219

2 (1) 297 − 6 = 291 (2) 483 − 50 = 433 (3) 949 − 700 = 249

第 32 页　1 (1)

	百	十	个
	2	$^{6}\not{7}$	$^{16}\not{6}$
−		5	9
	2	1	7

(2)

	百	十	个
	7	$^{8}\not{9}$	$^{13}\not{3}$
−		2	7
	7	6	6

(3)

	百	十	个
	5	$^{2}\not{3}$	$^{16}\not{6}$
−	1	2	8
	4	0	8

(4)

	百	十	个
	9	$^{4}\not{5}$	$^{14}\not{4}$
−	5	4	6
	4	0	8

(5)

	百	十	个
	8	$^{6}\not{7}$	$^{16}\not{6}$
−	3	0	9
	5	6	7

(6)

	百	十	个
	6	$^{8}\not{9}$	$^{15}\not{5}$
−	1	2	8
	5	6	7

2 (1) 拉维在电子游戏中的得分是770。

第 33 页　(2) 查尔斯的分数与霍莉的分数相差250。(3) 拉维的得分更高。(4) 他的分数高出了90。

第 36 页　1 (1)

	百	十	个
	$^{1}\not{2}$	$^{15}\not{5}$	8
−		6	3
	1	9	5

(2)

	百	十	个
	$^{6}\not{7}$	$^{11}\not{1}$	9
−		4	5
	6	7	4

(3)

	百	十	个
	$^{8}\not{9}$	$^{11}\not{1}$	5
−	7	5	3
	1	6	2

(4)

	百	十	个
	$^{8}\not{9}$	$^{11}\not{1}$	5
−	1	6	2
	7	5	3

(5)

	百	十	个
	$^{3}\not{4}$	$^{14}\not{4}$	4
−	1	7	3
	2	7	1

(6)

	百	十	个
	$^{4}\not{5}$	$^{15}\not{5}$	5
−	2	8	4
	2	7	1

2 停车场还有222个空车位。

第 37 页　3 (1) 快餐店第一周比第二周多售出167个汉堡。(2) 第一周快餐店售出的汉堡比咖啡馆多116个。

第 40 页　1 (1)

	百	十	个
	$^{6}\not{7}$	$^{9\,\not{10}}\not{0}$	$^{16}\not{6}$
−		3	8
	6	6	8

(2)

	百	十	个
	$^{7}\not{8}$	$^{9\,\not{10}}\not{0}$	$^{12}\not{2}$
−		2	7
	7	7	5

(3)

	百	十	个
	$^{3}\not{4}$	$^{9\,\not{10}}\not{0}$	$^{13}\not{3}$
−	3	4	5
		5	8

(4)

	百	十	个
	$^{1}\not{2}$	$^{9\,\not{10}}\not{0}$	$^{14}\not{4}$
−	1	1	6
		8	8

第 41 页　(5)

	百	十	个
	$^{2}\not{3}$	$^{9\,\not{10}}\not{0}$	$^{13}\not{3}$
−	2	0	4
		9	9

(6)

	百	十	个
	$^{6}\not{7}$	$^{9\,\not{10}}\not{0}$	$^{15}\not{5}$
−	6	0	6
		9	9

(7)

	百	十	个
	$^{7}\not{8}$	$^{9\,\not{10}}\not{0}$	$^{17}\not{7}$
−	5	4	9
	2	5	8

(8)

	百	十	个
	$^{7}\not{8}$	$^{9\,\not{10}}\not{0}$	$^{11}\not{1}$
−	5	4	9
	2	5	2

2 艾玛周三得了178分。

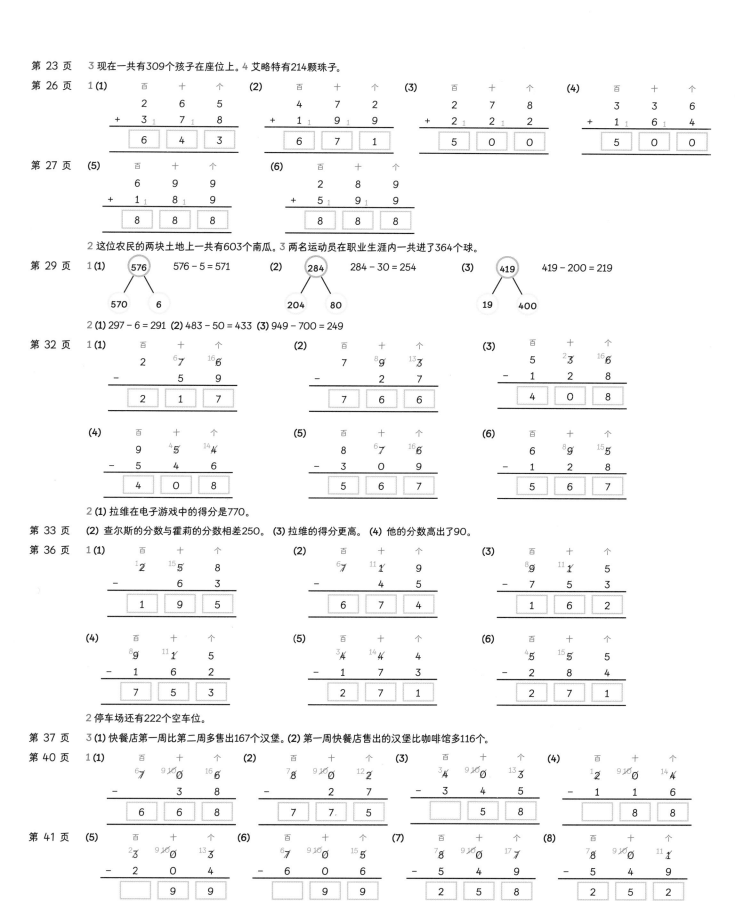

第 42 页 1

百	十	个
5	6	7

567 = 5个百 + 6个十 + 7个一; 567 = 500 + 60 + 7。5表示的数值是500。7表示的数值是7。十位上的数字是6。

2 (1) 864 (2) 七百二十三

第 43 页 3 (1) 920, 579, 521 (2) 641, 559, 425 4 (1) 223, 373, 725 (2) 338, 350, 747 5 (1) 比32大8的数是40。(2) 比36小4的数是32。(3) 比300大50的数是350。(4) 比28大4的数是32。(5) 比310大10的数是320。(6) 比628大100的数是728。(7) 比515小100的数415。(8) 比867小10的数是857。6 (1) 592, 596, 600, 604 (2) 400, 450, 500, 550 (3) 648, 644, 640, 636 (4) 672, 664, 656, 648

第 44 页 7

(1)

	百	十	个
	6	5	3
+	1	2 (1)	8
	7	8	1

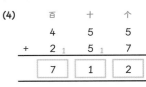

(2)

	百	十	个
	2	9	0
+	6 (1)	2	7
	9	1	7

(3)

	百	十	个
	2	6	7
+	6 (1)	3 (1)	6
	9	0	3

(4)

	百	十	个
	4	5	5
+	2 (1)	5 (1)	7
	7	1	2

8

(1)

	百	十	个
	9	3	5
−	7	2	3
	2	1	2

(2)

	百	十	个
	2	7 ~~8~~	16 ~~6~~
−	1	6	7
	1	1	9

(3)

	百	十	个
	7 ~~8~~	15 ~~5~~	3
−	5	7	2
	2	8	1

(4)

	百	十	个
	6 ~~7~~	9 ~~10~~ ~~0~~	10 ~~0~~
−	3	8	2
	3	1	8

第 45 页 9

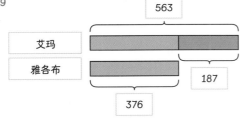

艾玛售出了563张彩票。他们一共售出了939张彩票。